京权图字：01-2022-1476

Mina första träd
Copyright © Emma Jansson and Triumf förlag, 2020
Simplified Chinese edition published in agreement with Koja Agency and Rightol Media
Simplified Chinese edition © Foreign Language Teaching and Research Publishing Co., Ltd, 2022
项目合作：锐拓传媒旗下小锐 copyright@rightol.com

图书在版编目（CIP）数据

孩子背包里的大自然．发现树木 ／（瑞典）艾玛·扬松（Emma Jansson）著、绘；徐昕译. —— 北京：外语
教学与研究出版社，2022.6
ISBN 978-7-5213-3547-7

Ⅰ．①孩… Ⅱ．①艾… ②徐… Ⅲ．①自然科学–少儿读物②树木–少儿读物 Ⅳ．①N49②S718.4-49

中国版本图书馆 CIP 数据核字 (2022) 第 065886 号

出 版 人	王　芳
项目策划	许海峰
责任编辑	于国辉
责任校对	汪珂欣
装帧设计	王　春
出版发行	外语教学与研究出版社
社　　址	北京市西三环北路 19 号（100089）
网　　址	http://www.fltrp.com
印　　刷	北京捷迅佳彩印刷有限公司
开　　本	889×1194　1/12
印　　张	2.5
版　　次	2022 年 7 月第 1 版 2022 年 7 月第 1 次印刷
书　　号	ISBN 978-7-5213-3547-7
定　　价	45.00 元

购书咨询：(010) 88819926　电子邮箱：club@fltrp.com
外研书店：https://waiyants.tmall.com
凡印刷、装订质量问题，请联系我社印制部
联系电话：(010) 61207896　电子邮箱：zhijian@fltrp.com
凡侵权、盗版书籍线索，请联系我社法律事务部
举报电话：(010) 88817519　电子邮箱：banquan@fltrp.com
物料号：335470001

记载人类文明
沟通世界文化
www.fltrp.com

孩子背包里的
大自然

发现树木

〔瑞典〕艾玛·扬松 著 / 绘

徐昕 译

外语教学与研究出版社
北京

云杉

云杉的针叶短而锋利，颜色为深绿色，球果长长的，呈锥形。云杉的树冠呈三角形，树枝浓密。在降雪量很大的地方，云杉的树形会偏窄，而猛烈的风会让云杉长得比较矮。云杉的根很浅，因此很容易被风吹倒。云杉的枝干可以用来做纸浆和建筑材料，浅绿色的嫩芽可以用来煮茶，球果中的种子是很多鸟类喜爱吃的食物。在云杉树下，常常长着菌类，比如鸡油菌。

 # 赤松

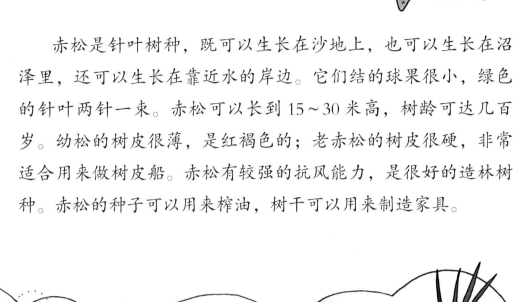

赤松是针叶树种，既可以生长在沙地上，也可以生长在沼泽里，还可以生长在靠近水的岸边。它们结的球果很小，绿色的针叶两针一束。赤松可以长到15～30米高，树龄可达几百岁。幼松的树皮很薄，是红褐色的；老赤松的树皮很硬，非常适合用来做树皮船。赤松有较强的抗风能力，是很好的造林树种。赤松的种子可以用来榨油，树干可以用来制造家具。

桦树

桦树喜欢生长在光照充足的地方，树龄可达几百岁。45~50岁的桦树可以作为建筑木材使用。桦树有很多种类，比如垂枝桦、毛桦等。当桦树发芽的时候，我们就知道夏天快来了。人们常把小小的桦树叶称为"老鼠耳朵"。年轻桦树的树皮通常是金棕色的，然后变白，并长出黑斑点。我们可以用桦树来制造家具、尺子等。桦树汁可以饮用，是一种很健康的饮料。

这是垂枝桦。

桦树汁

黄花柳

早春时节，对刚刚苏醒过来寻找花蜜的黄蜂和蜜蜂来说，黄花柳格外重要。春日里，黄花柳通常是最早在光秃秃的枝条上开出花的树，也就是说，它们还没长叶就已经先开花了。它们开出的花呈黄色，从远处看，十分漂亮。黄花柳的叶子是深绿色的，正面很光亮，背面是灰白色的，毛茸茸的。对驼鹿、獐子和兔子来说，黄花柳的味道好极了。

欧洲水青冈木

欧洲水青冈木又叫欧洲山毛榉，树龄可达150岁。如果生长在混合林中，它们的树枝可以伸展得很开，非常茂密。如果它们密集地长在一起，就会长得很直，树下通常什么都不长，常年累积的落叶会形成一张棕色的地毯。落叶中有它们在秋天时落下的果实。对野猪、苍头燕雀和普通鸭来说，欧洲水青冈木的果实是上等的美味。这种树的树芽又尖又细，叶子边缘略带波浪形，树皮是灰色的，有光泽。它们的木质很坚硬，可以用来制造家具。

夏栎

　　夏栎（lì）能活很长时间，树高可达40米，根系发达，抗风能力强。夏栎的木质坚硬，通常被人们用来建造船只、桥梁、家具等。夏栎对很多动物来说都十分重要，一棵夏栎上的昆虫居民可以多达数百种。夏栎的坚果含有丰富的淀粉、油脂、蛋白质等物质，受到众多动物食客的欢迎，比如獐子、野猪，以及松鸦这样的鸟类。

挪威槭

挪威槭适宜在混合林里生长。过去，有人会在院子里种植挪威槭作为护院树。它们的树龄可达150岁，高度通常为9~12米。挪威槭的花苞呈红褐色，到春天时，它们的花会在长叶子之前开放，能吸引很多黄蜂和蜜蜂。挪威槭的种子会像螺旋桨一样旋转着缓缓落到地上，叶子到了秋天会变成美丽的橘红色和黄色。它们的枝干可以用来制作乐器和家具，树液可以制成糖浆。

槭树糖浆

 # 心叶椴

心叶椴是直到仲夏才开花的树种之一，花是淡黄色的。如果你站在一棵正在开花的心叶椴下面，可以闻到香甜的气味，能看到喜爱椴树花蜜的黄蜂和蜜蜂在那里嗡嗡飞舞。它们的叶子是心形的，有光泽。心叶椴喜欢生长在阳光充足的混合林中、公园里和林荫道上。心叶椴的树龄可达800岁，粗大的树干通常被用来制成精巧的木制品，花朵晒干后可以制成茶，花蜜有一股薄荷脑的味道。

光叶榆

光叶榆的高度可以超过 30 米，根深可达 10 米。光叶榆的叶子边缘呈锯齿状。它们的芽有着不同的形状，一种像球一样圆，还有一种比较尖，颜色是深棕色的，近乎黑色。光叶榆先开花、结果，后长出有光泽的叶子。它们的翅果就是我们常说的榆钱，味道很好。榆钱落下的时候，会在风中飞舞，你若站在树下，会有一种非常奇妙的感觉。

欧梣

欧梣（chén，又读 qín）又叫欧洲白蜡树，是一种历史悠久的树种。欧梣是春天最后发芽的树种之一。欧梣的叶子跟花楸的叶子有点像，不过欧梣的叶子要更尖、更长一点，看起来就像是长长的手指。它们的枝干用途很多，可以用来制造曲棍球球杆、厨柜、地板等。在过去，像欧梣这样高大的落叶树是庄园里的重要树种，可以为动物提供食物，还可以作为护院树。

桤木

桤（qī）木爱长在湖边和溪流边。即使根部长时间浸在水中，桤木仍然能正常生长，并且可以长到40米高。桤木有欧洲桤木、灰桤木等不同品种。欧洲桤木的叶子比灰桤木的要圆。欧洲桤木的树皮很光滑，幼树的树皮呈棕绿色，成年后树皮变硬。有一种叫作花尾榛鸡的鸟格外喜欢吃桤木的嫩芽。桤木的叶子到了秋天仍是绿色的。新鲜的桤木木材呈鲜艳的橘黄色，人们常用来制造玩具和木鞋，还可以用来熏肉或者熏鱼。

这是欧洲桤木。

欧洲山杨

　　欧洲山杨生长速度快，树龄可达 100 岁，开花的时间很早，会随风播撒像棉花一样毛茸茸的杨絮。欧洲山杨的树冠比较疏朗，树干笔直，上面经常长有各种颜色鲜艳的地衣和苔藓。幼树的树皮很光滑，呈灰绿色；成年后，树皮显得更灰一些，比较粗糙。它们的叶柄很长，叶子能随风摇曳。欧洲山杨深受动物和人类的喜爱。驼鹿喜欢吃它们的树皮，线蛱蝶喜欢吃它们的叶子，啄木鸟爱在它们的树干上筑巢，人类可以用它们制作火柴。

瑞典花楸

瑞典花楸（qiū）喜欢生长在牧场里，格外耐风、耐寒。这种树生长缓慢，树高通常为 10~20 米，树干很粗。瑞典花楸会在春天开白色的花，在秋天结红色的浆果。人们很容易将这种树与同属于一个家族的欧亚花楸弄混。瑞典花楸的叶子很厚，毛茸茸的，背面有银色光泽。这种树的树干很坚硬，有醒目的年轮，可以用来做手工艺品、厨具等。太平鸟很喜欢吃这种树的果实。

欧亚花楸

欧亚花楸通常生长在森林、公园和田野里。它们的花苞毛茸茸的，白色的小花有一种特别的香气。秋天，有着锯齿状边缘的叶子会变成橘红色。欧亚花楸的浆果一串一串长得很密。这种酸酸的浆果，有很多鸟儿都特别爱吃，因此，它们的种子能借助鸟儿进行传播。人们可以用花楸的浆果来制作果冻。在过去，马身上的一些挽具是用一种特殊的花楸制成的，这种花楸的种子能在另一棵树的树杈上发出芽来。

花楸果冻

欧洲甜樱桃

　　欧洲甜樱桃的树皮呈褐色，树龄通常不超过 100 岁，树高可达 30 米。春天，它们会开出白色的花，到了秋天，叶子会变成红色。欧洲甜樱桃会结出黑色、红色或黄色的小浆果。这些浆果有酸的、苦的，也有甜的。欧洲甜樱桃非常受獾和锡嘴雀的喜爱。人们可以用欧洲甜樱桃的枝干来制造乐器和家具。

森林苹果

森林苹果又叫野苹果，通常生长在林间空地和老旧的森林小屋旁边。有时候，你能在苹果树的周围看到长满苔藓的石块，它们见证了逝去的时光，见证了小木屋在那里建造起来的过程。森林苹果的树高一般为 3~8 米，树干通常会有点凹凸不平。它们会在春天开出白色和粉红色的花朵。森林苹果的叶子带有长长的柄，叶片前端尖尖的，边缘呈锯齿状。它们的果实又小又酸，但乌鸫很喜欢吃。

这里曾有一个小房子。

在森林中探索

下次去森林里寻找各种树的时候，你还可以留意一下其他的东西。

松果

搜寻被松鼠和老鼠啃过的松果。你能找到多少？

歪歪扭扭的树

在森林里，你可以找到各种各样有着奇特树根的树，还有一些长得歪歪扭扭的树，它们有着扭曲的树干和左突右伸的树枝。

多孔菌

多孔菌是一种真菌，通常生长在树上。它们以树的木纤维为生，最终会将树木分解掉。

丛枝病

引起丛枝病的原因有很多种，可能是某种真菌侵害了树木（比如桦树），也有可能是树木自身的生长发生了错乱，使得树的枝叶非常紧密地长在了一起（比如杉树）。下面这棵杉树看起来像不像一棵"西兰花树"？

高树桩变身动物栖息地

高树桩大多是被锯断的树，它们成了昆虫、蝙蝠和鸟儿的家。高树桩也可能是自然形成的，比如一棵树被大风吹断。

关于树的知识

你知道吗? 我们可以用树木来制造布料。

即使同一种树, 外观也可能有很大不同。

树木在夏季比在冬季长得快!

木纤维

桦树皮

花粉

花粉可以通过风来传播, 也可以借助昆虫来传播。花粉会让很多人过敏, 有些人会出现鼻塞、流鼻涕、流眼泪等症状。

叶子会在秋天变颜色

秋天, 当天气开始变凉的时候, 树叶就开始变色, 然后从树枝上脱落。有些叶子会变成黄色, 有些会变成棕色或红色。

树木与年轮

树有树根、树干、树枝以及树叶。树干是由木质部和树皮构成的。树皮是树干外面的那一层, 树皮里面的木质部是由纤维素构成的。树根从土壤中吸收水和营养, 然后把它们运送到树的各个部分。仔细观察一个树桩或是一根木头, 你会看到上面的年轮。年轮可以显示出这棵树生长的快慢, 以及它的树龄。

小贴士

爱护大自然

当你来到大自然中时，很重要的一件事就是要爱护大自然，不要随意破坏树木。如果你想要造一艘树皮船，不要从活着的树干上取树皮，你可以从地上寻找树皮块和树枝。不要随意攀折树木。如果你想采集云杉的芽或椴树的花来泡茶，必须征得管理人员的同意才行。

修剪树枝

修剪树枝的时候，我们会把一些树的枝叶剪掉。叶子晒干后会成为动物们——比如羊和奶牛的饲料。修剪过的树留下了粗壮的树枝，然后从被剪处会长出直直向上的细树枝，粗细对比很明显，看起来十分有趣。

护院树

护院树通常种在庭院中央。

粗粝的树皮

老树的树皮很厚，到处都是裂纹。

混合林

混合林是指多个树种形成的树林。

树液

树液是指树身上的液体，含有水和糖分。树液从树根往上流向树枝。桦树的树液可以饮用。

原木和纸浆木

原木是指被砍下来的树干。原木被运出森林，运往锯木厂。纸浆木通常是指减少林木密度时砍下来的较细的树。

沙地和沼泽

沙地是有着一层薄薄土壤的干旱沙样土地。沙地上的松树生长在干燥的苔藓和越橘丛中，可以长得很高大。沼泽是潮湿的土地，由于缺氧的缘故，能在那里生长的树种并不多，并且那里的树长得又细又矮。

纸浆

树的木纤维被粉碎后，经过加工处理，可以做成糊状的纸浆。纸浆可以制成很多东西，比如绘画纸、新闻纸、厕纸，甚至是衣服。

🌸 索引 🌸

云杉	2	桤木	12
赤松	3	欧洲山杨	13
桦树	4	瑞典花楸	14
黄花柳	5	欧亚花楸	15
欧洲水青冈木	6	欧洲甜樱桃	16
夏栎	7	森林苹果	17
挪威槭	8	在森林中探索	18
心叶椴	9	关于树的知识	19
光叶榆	10	小贴士	20
欧梣	11		

我藏在了书中，你能发现我吗？